「もしも？」の図鑑

古生物の飼い方
How to keep Prehistoric life

著 ◆ 土屋 健

実業之日本社

もくじ

- この本の使い方 ……………………………………………… 5
- アノマロとのふしぎな出会い ……………………………… 6

第1章 古生物を知ろう！

- 大昔の生き物がいたころの地球 …………………………… 14
- 地層を調べてわかるふしぎ ………………………………… 16
- 化石のでき方・見つけ方 …………………………………… 18
- 生きている化石 ……………………………………………… 20

第2章 カンブリア紀の生き物を飼おう！

- 生命史上初の覇者 **アノマロカリス**を飼おう！ ………… 24
- 巨大頭のアノマロカリス類 **フルディア**を飼おう！ …… 26
- アノマロカリスの仲間など ………………………………… 27
- いろいろな節足動物① ……………………………………… 29
- 三葉虫の仲間 ………………………………………………… 30
- いろいろな節足動物② ……………………………………… 31
- 1つ目の小さなモンスター **カンブロパキコーペ**を飼おう！ … 32
- エビ・カニの仲間 …………………………………………… 33
- いろいろな節足動物③となぞの動物 ……………………… 34
- トゲの並ぶキテレツ動物 **ハルキゲニア**を飼おう！ …… 36
- ゴカイの仲間など …………………………………………… 38

| 分類不明の動物など ……………………………… 39
| 虹色にかがやくウロコのもち主　**ウィワクシア**を飼おう！ ……… 38
| イカやナメクジの仲間 ……………………………… 41
| 最初期の魚　**ミロクンミンギア**を飼おう！ ……………… 42
| 魚類に近い？動物たち ……………………………… 43

第3章　オルドビス紀・シルル紀の生き物を飼おう！

| オルドビス紀の覇者　**カメロケラス**を飼おう！ ……………… 46
| 三葉虫の仲間 ……………………………… 48
| アノマロカリス類の生き残り　**エーギロカシス**を飼おう！ ……… 50
| いろいろな節足動物 ……………………………… 51
| あごのない魚の代表　**サカバンバスピス**を飼おう！ …………… 52
| 魚の仲間・ヒトデの仲間 ……………………………… 53
| 泳ぎの上手な節足動物　**プテリゴトゥス**を飼おう！ …………… 54
| ウミサソリの仲間 ……………………………… 56
| 巨大サソリ　**ブロントスコルピオ**を飼おう！ ……………… 58
| 三葉虫の仲間・ヒトデの仲間 ……………………………… 59
| あごをもった初期の魚　**クリマティウス**を飼おう！ …………… 60
| 魚の仲間 ……………………………… 61

第4章　デボン紀の生き物を飼おう！

| 古生代"最恐種"　**ダンクレオステウス**を飼おう！ …………… 65
| 甲冑魚の仲間 ……………………………… 66
| サメの"はじまり"　**クラドセラケ**を飼おう！ ……………… 68
| 肺魚類と肉鰭類の仲間 ……………………………… 69

うで立て伏せができる魚　**ティクターリクを飼おう！** ……… 70
四足動物への進化過程の生き物 ……………………………… 71
最大級のトゲトゲ三葉虫　**テラタスピスを飼おう！** ……… 73
フォーク三葉虫　**ワリセロプスを飼おう！** ………………… 74
三葉虫の仲間 …………………………………………………… 75
いろいろな節足動物 …………………………………………… 76
植物のような姿の動物　**アンキロクリヌスを飼おう！** …… 78
ウミユリ類やその他の無脊椎動物① ………………………… 79
アンモナイトの祖先!?　**アネトセラスを飼おう！** ………… 80
アンモナイトの仲間やその他の無脊椎動物② ……………… 81

第5章　石炭紀・ペルム紀の生き物を飼おう！

史上最大級の陸上節足動物　**アースロプレウラを飼おう！** … 84
石炭紀のキテレツ動物　**ツリモンストラムを飼おう！** …… 86
エビの仲間・昆虫の仲間 ……………………………………… 87
"アイロン台"をもつサメ　**アクモニスティオンを飼おう！** … 88
サメの仲間 ……………………………………………………… 89
かわいい手足、でも凶暴　**クラッシギリヌスを飼おう！** … 90
両生類の仲間 …………………………………………………… 91
最古級のは虫類　**ヒロノムスを飼おう！** ………………… 92
ペルム紀前期の王者　**ディメトロドンを飼おう！** ………… 94
初期単弓類の仲間 ……………………………………………… 95
ペルム紀後期の王者　**イノストランケヴィアを飼おう！** … 96
穴ほり名人!?　**ディイクトドンを飼おう！** ………………… 98
その他さまざまな陸上脊椎動物 ……………………………… 99

キテレツな歯！ ヘリコプリオンを飼おう！	100
魚の仲間	102
両生類とは虫類の仲間	103
さよなら！ アノマロ	104
さくいん	108
あとがき 著者・協力者紹介	111

この本の使い方

パラペイトイア
Parapeytoia yunnanensis

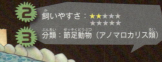

化石産地 中国

特長 アノマロカリス類の中では小型の種で、全長20〜30cmほどです。ひれの下には歩行用のあしがたくさんあり、泳ぐことも歩くこともできました。

飼い方 基本的には小型種ですが、まれに2mにまで成長する大型の個体もいます。大型化の傾向が見えたら、水そうをかえるなどの対応をとるようにしましょう。

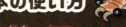

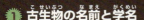

❶ 古生物の名前と学名
❷ 飼いやすさ：この図鑑では、「古生物の体の大きさ」「どのような地域や環境で生活していたか」「何を食べていたか」「どんな生態か」などの基準で総合的に飼いやすさを判定しています。最も飼いやすい古生物に星が10個つきます。
❸ 動物の分類
❹ 主な化石の産地
❺ 見た目や生態についての特徴
❻ 実際に飼うときのアドバイス

こうして、そうたはふしぎな古生物を飼うことになったが……!?

第1章

古生物を知ろう！

　人類の歴史がはじまる前の時代を「地質時代」と呼びます。そして、その地質時代に生きていた生物を「古生物」と呼びます。多くはすでに絶滅している生き物たちです。
　生命の進化は、古生物を研究することでひも解かれていきます。私たちの知らない、ずっと大昔にどのような生物がいて、どのような世界を築いていたのか。古生物の姿を現在によみがえらせる最初の手がかりは化石です。化石を研究することで、絶滅した生物の姿と進化が見えてくるのです。

地球の環境も今とはぜんぜんちがうんだよ。

生命のはじまり

地球誕生は今から約46億年も前のこと。そして、おそくても約38億年前には最初の生命が生まれていました。その後、約30億年の歳月をかけて生命はゆっくりと海で進化をつづけ、約5億7000万年前になるとはじめて目に見えるサイズの生物が出現しました。

そして、約5億4100万年前から「古生代」という時代がはじまります。現在の動物たちへとつながる進化の物語のスタートです。古生代は約3億年間つづき、そこには6つの「地質時代（紀）」がありました。

▲カンブリア紀の海の様子

第1章 古生物を知ろう！

古生代の地球

カンブリア紀
今の動物の祖先が現れた時代といわれています。この時代以降の地層からは、現在の動物たちと直接の祖先・子孫の関係にある化石が多く産出します。

オルドビス紀
動物の種がたくさん増えていった時代です。しかし、末期にはげしい寒冷化が発生し、多くの動物たちが姿を消しました。

シルル紀
とても暖かかった時代です。この時代から植物が少しずつ上陸を進めていきます。植物の上陸が進むことで、やがて来る動物たちの上陸の準備が整えられていきました。

デボン紀
魚類が海の世界の支配者になった時代です。後期には大量絶滅事件が発生します。そして末期になると両生類が誕生し、節足動物を追いかけるように上陸がはじまりました。

石炭紀
地球上の大陸が一か所に集まりはじめました。後期には極地方に巨大な氷河ができる一方で、低緯度地方の気候は湿潤となり、大森林がつくられました。

ペルム紀
地球上の大陸が一か所に集まって、超大陸「パンゲア」が誕生しました。末期には史上最大の大量絶滅が発生しました。その後、時代は中生代へとかわっていきます。

地層を調べてわかるふしぎ

◀地層のようす

地層の見方

地層は、どろや砂、石ころ、ときには火山灰などが積もってつくられます。長い時間をかけてつくられることが多く、基本的に古い地層が下に、新しい地層が上になっています。生物の化石は、こうした地層の中にふくまれています。化石がふくまれている地層を調べると、その化石のもととなる生物がどのような時代や環境で暮らしていたかわかります。

地質時代

地球誕生から、人類の文明がはじまる約1万年前までのことを「地質時代」と呼びます。地質時代は、その時代を特徴づける化石によっていくつもの時代にわけられています。とくに約5億4100万年前以降は発見される化石が多く、「顕生累代」と呼ばれています。顕生累代は古い方から「古生代」「中生代」「新生代」の3つにわかれ、さらにそれぞれの「紀」にわかれています。

	地質時代		絶対年代(年前)
顕生累代	新生代	第四紀 完新世	1.17万
		第四紀 更新世	258万
		新第三紀 鮮新世	533万
		新第三紀 中新世	2303万
		古第三紀 漸新世	3390万
		古第三紀 始新世	5600万
		古第三紀 暁新世	6600万
	中生代	白亜紀	1億4500万
		ジュラ紀	2億130万
		三畳紀	2億5217万
	古生代	ペルム紀	2億9890万
		石炭紀	3億5890万
		デボン紀	4億1920万
		シルル紀	4億4340万
		オルドビス紀	4億8540万
		カンブリア紀	5億4100万
	エディアカラ紀		6億3500万
先カンブリア時代			46億

▲地質時代の区分（2015年時点）

第1章 古生物を知ろう！

化石からわかること

化石は、過去の生物の姿を知るための重要な手がかりです。生物の暮らしていた環境・時代だけではなく、どのように動き、何を食べ、なぜ死んだのかなどについても知ることができる場合があります。

示相化石

化石の中には、その化石がふくまれていた地層がたまったときの環境を知る手がかりになるものがあります。そうした化石を「示相化石」と呼びます。

◀暖かくてきれいな海にすむサンゴの化石

示準化石

化石の中には、その化石がふくまれていた地層がいつできたかがわかる手がかりになるものもあります。そうした化石を「示準化石」と呼びます。

▲三葉虫の化石
（古生代カンブリア紀）

▲アンモナイトの化石
（中生代白亜紀）

地層の対比

はなれた地点の地層を比較して、地層ができた時代などを調べることを「地層の対比」といいます。

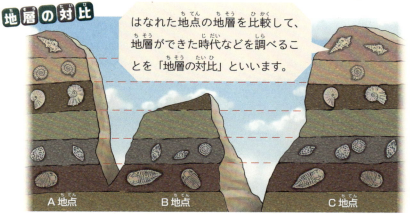

◀地層の対比

化石のでき方・見つけ方

いろいろな条件がそろって化石ができるのよ。

化石になるには

「化石」は、必ずしも石のようにかたいものばかりではありません。もともとは、「ほり出されたもの」という意味で、一般に1万年以上前の古い地層から発見されるものを化石と呼びます。死んだ生物のすべてが化石になるわけではなく、むしろ、ほとんどの生物の死がいは、化石にならずにくちてしまいます。幸運なごく一部のみが化石となって発見されるのです。

化石ができるまで

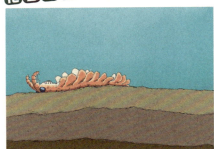

Step 1
生物が死ぬ

病気、ケガ、飢え、事故、寿命などで生物が死ぬところなどから化石形成のプロセスがスタートします。

Step 2
砂やどろなどにうもれる

ほかの動物に食べられないうちに、地層の中に死がいがうもれる必要があります。洪水や海底地すべり、火山灰などで一瞬のうちにうもれることが理想的です。

第1章 古生物を知ろう！

Step 3
長い年月をかけて化石になる
本書に出てくる動物たちはすべて、2億5000万年以上もの間、地層の中にいたものばかりです。この間に、とくに脊椎動物の骨はかたくなり、石のようになっていきます。

Step 4
地表に出てくる
地層の中にあっても、地殻変動などで化石がこわされることもあります。そうした破壊を受けなかった化石が、雨や風、また工事など人間の手で地層がけずられることによって地表に顔を出します。

Step 5
発見・発掘
長い間地表に露出していると雨や風で化石もこわれていきます。こわれる前に人間によって発見・発掘されることで、初めて研究がはじまるのです。

＊ここでは、わかりやすくするために、アノマロカリスを例にしていますが、実際にはアノマロカリスのようにかたいからや骨をもたない動物は地層の重さでペシャンコになって化石として発見されることがほとんどです。

生きている化石

大昔から姿をかえずに子孫を残してきたんだって。

大昔からいる生きもの

多くの生物は、進化を重ねるうちに姿がかわっていきます。しかし中には、大昔の化石とはほとんど姿をかえていない生物もいます。そうした生物のことを「生きている化石」と呼びます。生きている化石の中には、絶滅したと考えられていたものが、近年の発見によって「実は子孫を残して生きていた」とわかったものもいます。

ラティメリア

分類 脊椎動物魚類（シーラカンス類）

生息地 マダガスカル沖とインドネシア沖

ひれの中にうでのような構造をもつラティメリアは、古生代デボン紀からつづくシーラカンス類の生き残りです。もともとシーラカンス類は、中生代白亜紀末（6600万年前）に絶滅していたと考えられていましたが、20世紀になって実は深海に生き残っていることがわかりました。化石の発見される地層から考えると、かつては浅瀬や湖、川などの淡水にも生息していたようです。

第1章 古生物を知ろう！

ゴキブリの なかま

分類 節足動物昆虫類
生息地 世界中

現在ではきらわれもののゴキブリたちは、実は古生代石炭紀からほとんど姿がかわっていません。昔からしぶとく生き残ってきたようです。

ウミユリの なかま

分類 棘皮動物ウミユリ類
生息地 深海

植物のような名前と姿をもつこの動物は、古生代オルドビス紀からほとんど姿がかわっていません。かつては浅海にも生息していました。

オウムガイの なかま

分類 軟体動物頭足類
生息地 深海

オウムガイは、古生代デボン紀には現生種と似たような姿の種もいました。その体のつくりは、何億年もの間かわっていないのです。

第2章

カンブリア紀の生き物を飼おう！

　約5億4100万年前から約4億8540万年前までの約5560万年間を「カンブリア紀」と呼びます。イギリスのウェールズ地方の古い呼び名にちなむ名前です。
　カンブリア紀の地球は、大陸の形も位置も環境も、現在と大きく異なりました。大陸の大部分はむき出しの荒野で、植物はありません。そんな時代の海に、現在の動物グループにつながる祖先たちが出そろいました。とくにこの時代には節足動物が大きく繁栄しました。

頭部の下側にある丸い口

「エビ」のような触手が学名の由来

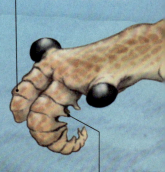

トゲにさされないように注意！

生命史上初の覇者
アノマロカリス
を飼おう！

アノマロカリス・カナデンシス
Anomalocaris canadensis

飼いやすさ：★★★★☆
分類：節足動物
（アノマロカリス類）

化石産地 カナダ

特長 全長1mほどの節足動物です。頭部には大きな眼と大きな触手があり、頭部の下側には円の形をした大きな口もありました。視力がとても良かったようです。

飼い方 触手の内側にするどいトゲが並んでいますから、さされないように注意してください。肉食性ですが、かたいものは苦手です。えさはからをむいた甘エビなどをあげてください。

巨大頭のアノマロカリス類 フルディアを飼おう！

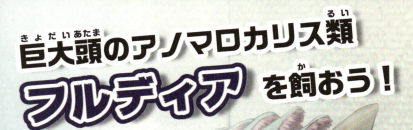

体の半分もある大きな頭

頭の先端を使ってえさをほり起こす

フルディア
Hurdia victoria

化石産地 カナダ

飼いやすさ：★★★★★
★★★★★
分類 節足動物
（アノマロカリス類）

特長 全長50cmほどのアノマロカリスの仲間です。全身の約半分は頭部でできていて、その頭部は少しかたいからでおおわれていました。

飼い方 オキアミなどのえさを練りこんだやわらかい土を水そうの底にしきましょう。フルディア自身が頭の先端を使って土をほってえさを探す様子を観察することができます。

第2章　カンブリア紀の生き物を飼おう！

アノマロカリスの仲間など

アノマロカリス・サロン
Anomalocaris saron

飼いやすさ：★★★★☆
分類：節足動物（アノマロカリス類）

化石産地 中国

特長 カナダのアノマロカリス・カナデンシスの仲間ですが、大きなものでもその全長は50cmほどです。2本の長いしっぽをもっていました。

飼い方 アノマロカリス・カナデンシスと同じように、トゲのある大きな触手をもつ肉食性です。えさは、からをむいた桜えびなどをあたえましょう。

アムプレクトベルア
Amplectobelua symbrachiata

飼いやすさ：★★☆☆☆
分類：節足動物（アノマロカリス類）

化石産地 中国

特長 アノマロカリス・サロンより少し太めのアノマロカリスの仲間で、大きなものでは全長1mにまで成長します。触手の先端には3つの大きなトゲがありました。

飼い方 アノマロカリスと同じ肉食性ですので、えさもカナデンシスやサロンと同じものをあたえることができます。

パラペイトイア
Parapeytoia yunnanensis

飼いやすさ：★★☆☆☆
分類：節足動物（アノマロカリス類）

化石産地 中国

特長 アノマロカリス類の中では小型の種で、全長20～30cmほどです。ひれの下には歩行用のあしがたくさんあり、泳ぐことも歩くこともできました。

飼い方 基本的には小型種ですが、まれに2mにまで成長する大型の個体もいます。大型化の傾向が見えたら、水そうをかえるなどの対応をとるようにしましょう。

ラガニア
Lagannia cambria

化石産地 カナダ

特長 アノマロカリスの仲間の1種です。多くは全長15cmに満たない小型種ですが、まれに50cmにまで成長するものもいます。大きな眼をもっていました。

飼い方 ほかのアノマロカリスの仲間と同様にかたいものは苦手です。泳ぎがとても上手です。水そうに手を入れると思わぬ方向から攻撃をしてくるかもしれません。注意してください。

飼いやすさ：★★★★★
分類：節足動物（アノマロカリス類）

タミシオカリス
Tamisiocaris borealis

飼いやすさ：★★★★★
分類：節足動物（アノマロカリス類）

化石産地 グリーンランド

特長 アノマロカリスの仲間の1種です。2本の長い触手には、細くて長いトゲがたくさん並んでいました。プランクトンを食べていました。

飼い方 えさはプランクトンなどの小さくてやわらかいものをあたえてください。大きなものは苦手なので、0.5mm以下のサイズになるようにわけてあたえましょう。

パンブデルリオン
Pambdelurion whittingtoni

化石産地 グリーンランド

特長 アノマロカリスの仲間と同じ祖先をもつ、アノマロカリスよりも原始的な動物です。大きなもので30cm近い体長をもっていました。

飼い方 アノマロカリスほど泳ぎは上手くありませんので、初心者向きともいえるでしょう。えさはオキアミなどを様子を見ながらあたえてください。

飼いやすさ：★★★★☆
分類：節足動物（詳細不明）

第2章　カンブリア紀の生き物を飼おう！

いろいろな節足動物①

オパビニア
Opabinia regalis

飼いやすさ：★★★★★★★★★★
分類：節足動物（詳細不明）

化石産地　カナダ

特長　全長10cmほどの動物です。頭部には5つの眼があり、長いノズルをもっていました。ノズルは、ゾウの鼻のようにものをつかむことができました。

飼い方　肉食性ですが、かたいものは苦手です。えさは生きたオキアミなどを用意してください。自分で追いかけてノズルでつかまえます。

シドネイア
Sidneyia inexpectans

飼いやすさ：★★★★★★★★★★
分類：節足動物（詳細不明）

化石産地　カナダ

特長　全長16cmほどの節足動物です。平たい体をもち、頭部の両脇に1本ずつ触角をもっていました。また、尾ひれとあしを使って泳ぐことも歩くこともできました。

飼い方　どうもうな肉食性で、かたいからもくだくことができます。三葉虫などといっしょに飼うと三葉虫を食べてしまうことがあるので、注意してください。

マレッラ
Marrella splendens

飼いやすさ：★★★★★★★★★
分類：節足動物（マーレロモルフ類）

化石産地　カナダ

特長　全長2.5cmほどの節足動物です。虹色にかがやく1対の大きなツノをもっていました。また、体の下にはたくさんの"ひだ"がありました。

飼い方　ほかの動物の食べ残しや、はいせつ物などを集めて食べます。水がきれいになるので、水そうのおそうじ屋さんとして飼うと良いでしょう。

三葉虫の仲間

オレノイデス
Olenoides serratus

飼いやすさ：★★★★★★★★★★
分類：節足動物（三葉虫類）

化石産地 カナダ

特長 全長9cmほどで、平たい体が特徴です。カナダのカンブリア紀の地層から化石が産出する三葉虫の中で、最も数多く発見されています。

飼い方 成長すると防御力の高いかたいからをもちますが、幼いうちはからがやわらかいため、ほかの動物におそわれることもあります。オレノイデス自身は肉食性です。

キンガスピス
Kingaspis sp.

飼いやすさ：★★★★★★★★★★
分類：節足動物（三葉虫類）

化石産地 モロッコ

特長 全長2.5cmほどの三葉虫です。1万種をこえる三葉虫がいる中でキンガスピスはその中でめずらしい前向きのトゲをもっています。

飼い方 前向きのトゲの先端はするどいので、世話をするときに指をケガしないように注意してください。つかむときは体の両脇を後ろからつかみましょう。

エルラシア
Elrathia kingii

飼いやすさ：★★★★★★★★★★
分類：節足動物（三葉虫類）

化石産地 アメリカ

特長 全長1cmほどの三葉虫です。まるでぞうりのように、だ円形で平たい体つきをしています。

飼い方 仲間たちといっしょにいることを好む習性があります。1匹だけではなく、できるだけたくさんの個体をいっしょに飼うようにしてください。

第2章 カンブリア紀の生き物を飼おう！

いろいろな節足動物②

ナラオイア
Naraoia compacta

飼いやすさ：★★★★★★★★★★
分類：節足動物（詳細不明）

化石産地 カナダ

特長 全長4cmほどで、やわらかいからをもち、その下にはたくさんのあしが並んでいました。中国やオーストラリアからも仲間の化石が見つかっています。

飼い方 三葉虫に似た姿をしていますが、三葉虫のようなかたいからはもっていません。自分より大きな体の動物といっしょに飼育すると、食べられてしまうので注意してください。

クサンダレラ
Xandarella spectaculum

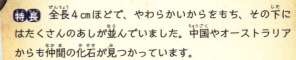

飼いやすさ：★★★★★★★★★★
分類：節足動物（詳細不明）

化石産地 中国

特長 全長5.5cmほどの節足動物で、三葉虫とよく似た形をしていますが、ナラオイアと同じようにからはかたくありませんでした。

飼い方 水底を歩き回りながら、ほかの動物の食べ残しやはいせつ物などを食べます。クサンダレラよりも体の小さな動物といっしょに飼うと良いでしょう。

レアンコイリア
Leanchoilia superlata

飼いやすさ：★★★★★★★★★★
分類：節足動物（詳細不明）

化石産地 カナダ

特長 全長12cmほどの節足動物で、長いムチのような触手をもっていました。中国やアメリカからも仲間の化石が見つかっています。

飼い方 えさはニボシを割いて小ぶりにしてあたえてみましょう。もしもニボシを食べない場合は、小魚の死がいなどをあたえてみてください。

１つ目の小さなモンスター
カンブロパキコーペ
を飼おう！

頭部の先端に
眼は１つ

小さいのでルーペを
使って観察しよう

カンブロパキコーペ
Cambropachycope clarksoni

飼いやすさ：★★★★★　★★★★★
分類：節足動物（甲殻類）

化石産地 スウェーデン

特長 大きさは1.5mmと小さく、エビやカニの仲間（甲殻類）になりますが、ハサミはもっていませんでした。頭部の先端に大きな複眼（昆虫などと同じ眼）をたった１つだけもつという変わった微生物です。

飼い方 水そうは直射日光をさけ、できるだけ温度変化のない場所に置きましょう。えさはカツオブシを少しずつあげましょう。

第2章 カンブリア紀の生き物を飼おう！

エビ・カニの仲間

ゴティカリス
Goticaris longispinosa

飼いやすさ：★★☆☆☆
分類：節足動物（甲殻類）

化石産地 スウェーデン

特長 大きさは3mmほどです。頭部の先端に大きな複眼を1つもち、さらに光を感じるためだけのマラカスのような形の眼を1対2個もっていました。

飼い方 カンブロパキコーペと同じ飼育方法で飼うことができます。こちらのほうが体が大きいため、観察もしやすく、より初心者向きです。

アグノスタス
Agnostus pisiformis

飼いやすさ：★★★☆☆
分類：節足動物（甲殻類）

化石産地 スウェーデン

特長 大きさ1〜1.5mmの小さな節足動物で、エビやカニの仲間（甲殻類）とみられています（三葉虫の仲間という説もあります）。

飼い方 とても小さいので観察が大変ですが、ほかの動物と同じ水そうでたくさん飼えば、水中のよごれを食べてくれます。

マーチンソニア
Martinsonia elongata

化石産地 スウェーデン

特長 全長1.7mmの小さな甲殻類です。一見すると現在のエビとよく似ていますが、エビとはちがってハサミをもっていませんでした。

飼い方 頭の先端に、小さな眼が1つだけあります。強い光が苦手ですので、薄暗い場所で飼育するようにしてください。

飼いやすさ：★★★☆☆
分類：節足動物（甲殻類）

いろいろな節足動物③となぞの動物

カナダスピス
Canadaspis perfecta

飼いやすさ：★★★★★★★★
分類：節足動物（詳細不明）

化石産地 カナダ

特長 全長5cmほどの節足動物で、体の半分以上を左右2枚のからでおおっています。中国やアメリカからも同じ仲間の化石が見つかります。

飼い方 底にどろをしいた水そうで、できればほかの動物といっしょに飼うようにしてください。どろをかきながら、底にたまったよごれを食べてくれます。

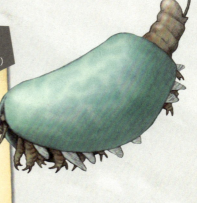

アパンクラ
Apankura machu

飼いやすさ：★★★★★★★★★★
分類：節足動物（ユーシカルキノイド類）

化石産地 アルゼンチン

特長 全長4cmほどの節足動物です。生命の歴史で初めて登場した陸上動物ではないかといわれています。

飼い方 水中と陸地を行ったり来たりしますので、水そうの中に水辺（陸地）をつくり、水中と陸地をゆるやかな斜面でつないでください。

ヨホイア
Yohoia tenuis

飼いやすさ：★★★★★★★★★
分類：節足動物（詳細不明）

化石産地 カナダ

特長 全長2cmほどの節足動物で、現在のエビに似ています。先端がするどいトゲになっている触手をもっていました。

飼い方 体は小さいのですが、触手を使って獲物をおそう、どうもうな動物です。えさは甘エビのからをむいて、細切れにしてあたえてください。

第2章 カンブリア紀の生き物を飼おう！

エメラルデラ
Emeraldella brocki

飼いやすさ：★★★★☆
分類：節足動物（詳細不明）

化石産地 カナダ

特長 全長20cmほどあり、カンブリア紀の動物としては大型の節足動物です。頭の先には2本の長い触角があり、尾は長く先がするどくとがっています。

飼い方 体が大きいので、大きめの水そうを用意しましょう。あまりせまい水そうだと、共食いをすることもありますので注意が必要です。

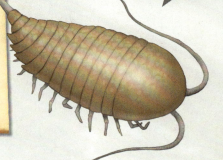

ブルゲッシア
Burgessia bella

飼いやすさ：★★★★★
分類：節足動物（詳細不明）

化石産地 カナダ

特長 全長1.7cmほどの、やわらかいからをもつ節足動物です。からの長さの2倍近いするどい尾のトゲが特徴です。

飼い方 おびえると長い尾のトゲでいかくしてくるので、世話をするときは手をケガしないように注意してください。

シダズーン
Xidazoon stephanus

飼いやすさ：★★★★★
分類：古虫動物（詳細不明）

化石産地 中国

特長 全長8.5cmほどの動物で、頭部の先端にぽっかりと開いた大きな口をもっていました。まだなぞだらけの生物で、いったい何の動物の仲間なのかさえわかっていません。

飼い方 なぞの多い動物です。水そうにやわらかい土をしき、ほかのおとなしい動物といっしょに育てながら、飼育方法を探っていきましょう。

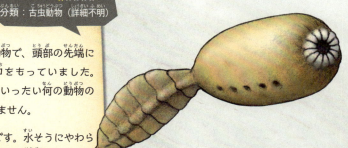

トゲの並ぶキテレツ動物
ハルキゲニアを飼おう！

あつかうときは
トゲに注意！

7対の足には小さな
つめがある

海水を入れた水そうで
多数飼いしよう

ハルキゲニア
Hallucigenia sparsa

飼いやすさ：★★★★★★★★★★
分類：有爪動物（詳細不明）

化石産地 カナダ

特長 全長3cmほどの、チューブのような体をもつ動物です。背中には7対のするどいトゲ、腹側にはつめのある7対のあしがありました。中国からも仲間の化石が見つかっています。

飼い方 長いトゲに気をつけて取りあつかいましょう。やわらかいえさであれば何でも食べますが、とくにアノマロカリスの死がいは大好物です。水そうでの多数飼いがおすすめの動物です。

ゴカイの仲間など

オットイア
Ottoia sp.

飼いやすさ：★★★★☆
分類：鰓曳動物（詳細不明）

化石産地 カナダ、スペイン、アメリカ

特長 全長15cmほどの、でっぷりとしたチューブ状の動物です。先端の細い口をのばして獲物を食べていました。

飼い方 水底に深い穴をほって、身をかくしながら獲物をねらいます。水そうの下には、15cm以上の厚さでやわらかい土をしきつめるようにしてください。

バージェソカエータ
Burgessochaeta setigera

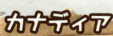

飼いやすさ：★★★★☆
分類：環形動物
（詳細不明）

化石産地 カナダ

特長 全長5cmほどの、環形動物（ミミズやゴカイの仲間）です。体の両側に、かたい毛でできたあしをたくさんもっていました。

飼い方 水そうにはどろをしいて動きやすい環境をつくりましょう。ほかの動物と飼うときは、石などを置いてかくれ場所をつくってあげることも大切です。

カナディア
Canadia spinosa

飼いやすさ：★★★★★
分類：環形動物（詳細不明）

化石産地 カナダ

特長 全長4.5cmほどの環形動物で、バージェソカエータよりも多くのかたい毛をもっていました。アメリカからも仲間の化石が見つかっています。

飼い方 水そうに当たる光の角度を調整すると、剛毛が虹色にかがやいてとてもきれいです。えさはオキアミをあたえると良いでしょう。

第2章 カンブリア紀の生き物を飼おう！

分類不明の動物など

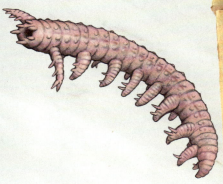

アイシュアイア
Aysheaia pedunculata

飼いやすさ：★★★★★
分類：有爪動物
（詳細不明）

化石産地 カナダ

特長 全長5cmほどのチューブのような体とたくさんの太いあしをもつ動物です。ハルキゲニアと同じグループで、極めて原始的な動物と考えられています。

飼い方 カイメン（海綿）をいっしょに水そうに入れるようにしてください。アイシュアイアはカイメンをすみかとしながら、少しずつカイメンを食べていきます。

ハーペトガスター
Herpetogaster collinsi

飼いやすさ：★★★☆☆
分類：不明

化石産地 カナダ

特長 全長5cmほどの動物です。植物のような形をした触手を使って獲物をとらえていました。幅広の体の大部分は胃です。

飼い方 ハーペトガスター自身はほとんど移動しませんが、その触手で小動物をとらえて食べます。ほかの動物といっしょに飼うときは大きめの水そうを用意しましょう。

シファソークタム
Siphusauctum gregarium

飼いやすさ：★★★★☆
分類：不明

化石産地 カナダ

特長 まるでチューリップのような形をしていますが、れっきとした動物で、あごの下に6つの口、あごの頭部分に肛門があります。全長は20cmにもおよびました。

飼い方 水の中のよごれを吸いこんできれいにしてくれます。可能であれば、1つの水そうの中に複数匹を飼うと良いでしょう。

虹色にかがやくウロコのもち主
ウィワクシアを飼おう！

虹色にかがやくトゲは
ささりやすいので注意！

光量を強くしてランソウを
増やしてあげよう

ウィワクシア
Wiwaxia corrugata

飼いやすさ：★★★★★ ★★★★
分類：軟体動物（詳細不明）

化石産地 カナダ

特長 大きさ5.5cmほどの動物で、ふっくらとふくらんだ体をにじ色に光るうろこでおおい、そこからまるでサーベルのようなするどいにじ色のトゲが2列になってのびていました。

飼い方 ランソウを食べてくれるので、緑がかってきた水そうで飼育するとおそうじ屋さんとしてはたらいてくれます。"サーベル"はよくささりますので気をつけてとりあつかってください。

第2章 カンブリア紀の生き物を飼おう！

イカやナメクジの仲間

ハルキエリア
Halkieria evangelista

飼いやすさ：★★★★★ ★★☆☆☆
分類：軟体動物（詳細不明）

化石産地　グリーンランド

特長　大きさ8cmほどの動物で、全身を細かなうろこでおおっていました。体の前後に1枚ずつ、貝がらのようなものがのっていました。

飼い方　この動物は死んだあとが大変です。たくさんのかたいうろこがバラバラに散らばり、そうじすることになります。あらかじめ、そのことを知っておきましょう。

ネクトカリス
Nectocaris pteryx

飼いやすさ：★★★★★ ★★☆☆☆
分類：軟体動物（頭足類）

化石産地　カナダ

特長　大きさ7cmほどの動物です。現在のイカに似た姿のもち主ですが触手は2本しかありませんでした。頭部の下についた、ろうとを使って泳いでいました。

飼い方　えさとして、観賞魚の飼育に使われるアミをあたえてください。生きたえさをあたえると、ネクトカリスのハンティングを観察することができます。

オドントグリフス
Odontogriphus omalus

飼いやすさ：★★★★☆ ☆☆☆☆☆
分類：軟体動物（詳細不明）

化石産地　カナダ

特長　12cmをこえる比較的大型の動物です。現在のナメクジに近い姿をしていました。体の底面には、「歯舌」とよばれる、歯のようなつくりをもっていました。

飼い方　ウィワクシアと同じように、海底をはいながら、ランソウを食べて暮らします。水そうのおそうじ屋さんとして最適な動物の1つです。

最初期の魚 ミロクンミンギア を飼おう！

えさはスポイトで少しずつあたえよう

あごがないのが特徴

ミロクンミンギア
Myllokunmingia fengjiaoa

飼いやすさ：★★★★★ ★★☆☆☆
分類：脊椎動物（魚類）

化石産地 中国

特長 大きさ2〜3cmほどの魚です。「最古の魚類」として知られています。ただし、今の魚とはちがって、あごをもっていませんでした。

飼い方 集団を好みますので、できるだけ多数で飼育するようにしてください。えさは、オキアミやプランクトンをあたえましょう。

第2章 カンブリア紀の生き物を飼おう！

魚類に近い？ 動物たち

ピカイア
Pikaia gracilens

飼いやすさ：★★★★★★★☆☆☆
分類：脊索動物（詳細不明）

化石産地 カナダ

特長 大きさ5〜6cmほどの動物で、「脊索」という背骨（脊椎）に似た構造を体の中にもっていました。現在のナメクジウオの仲間です。

飼い方 えさは1〜2日の間かくをあけて、市販されている植物性飼料をあたえてください。

ユンナノズーン
Yunnanozoon lividum

化石産地 中国

特長 大きさ2.5cm〜4cmほどの動物で、ピカイアと同じグループの動物ではないかともいわれています。しかし、その正体はよくわかっていません。

飼い方 ミロクンミンギアと同じように、集団で生活することを好みますので、できるだけ多数で飼育するようにしてください。

飼いやすさ：★★★★★☆☆☆☆☆
分類：不明

飼いやすさ：★★★☆☆☆☆☆☆☆
分類：脊索動物（詳細不明）

メタスプリッギナ
Metaspriggina walcotti

化石産地 カナダ

特長 大きさ7cmほどの動物で、ミロクンミンギアの仲間の魚類であるともいわれています。体の割には大きな眼をもっていました。

飼い方 海中を泳ぎ回っていたと見られていますが、その生態はよくわかっていません。えさの種類や頻度などは、少しずつこまめに観察しながら、いろいろと試してみましょう。

43

第3章

オルドビス紀・シルル紀の生き物を飼おう！

　約4億8540万年前から約4億4340万年前を「オルドビス紀」、約4億4340万年前から約4億1920万年前を「シルル紀」と呼びます。ともに、イギリスの古い民族や部族にちなむ名前です。

　オルドビス紀が始まったとき、地球の気候はとても温暖でした。その後、しだいに寒冷化し、シルル紀になるとまた温暖化します。そんな時代の海では、タコやイカの祖先をふくむ頭足類や、ウミサソリ類、三葉虫類などの節足動物が繁栄をつづけました。

オルドビス紀の覇者
カメロケラスを飼おう！

プールや水そうには
海水を入れて

大きな体がぶつからないよう広いスペースを用意

からの中にある小さな部屋の中の液体を調節して浮き沈みする

カメロケラス
Cameroceras trentonense

飼いやすさ：★★★★★
分類：軟体動物（頭足類）

化石産地 アメリカ

特長 全長6mほどの、現在のタコやイカの仲間です。長いからの内部はたくさんの小さな部屋にわかれていて、その中の液体の量を調整することで浮力を調整していました。

飼い方 11mまで成長する場合もあるようです。海水を入れた水そうは巨大なものを用意しましょう。えさは何でも食べますが、大きく成長した三葉虫などをあたえると喜びます。

三葉虫の仲間

アサフス
Asaphus kowalewskii

飼いやすさ：★★★★★ ★★★★★
分類：節足動物（三葉虫類）

化石産地 ロシア、スウェーデン、ドイツ

特長 全長11cmほどの三葉虫です。まるでカタツムリのような長い柄の先に眼があることが特徴です。アサフスの仲間はオルドビス紀に世界中で大繁栄していました。

飼い方 水そうの底のどろにもぐって、眼だけを出す習性があります。もぐりやすいように、細かい砂かどろを少し厚めにしきつめておきましょう。

メトポリカス
Metopolichas platyrhinus

飼いやすさ：★★★★★ ★★★★★
分類：節足動物（三葉虫類）

化石産地 ロシア、スウェーデン、ノルウェーなど

特長 全長10cmほどの三葉虫です。頭部の先端がへらのようになってつき出ていました。ここが「レーダー」の役割を果たしていたのではないか、と指摘されています。

飼い方 つき出たへらの部分は、こわれやすくなっています。そこをつまんで持ち上げると、折れてしまうことがあるので注意してください。

レモプレウリデス
Remopleurides sp.

飼いやすさ：★★★★★ ★★★★★
分類：節足動物（三葉虫類）

化石産地 ロシア、エストニア

特長 全長4cmに満たない三葉虫です。ほかの多くの三葉虫とはちがって、水中を泳ぎ回ることができました。帯状の眼はほぼ360度の広い視界をもっていました。

飼い方 尾部の近くにある小さなとげは、泳ぐ方向を決めるかじ*の役割を果たします。ここがこわれると、まっすぐに泳ぐことができなくなるので、さわるときには注意しましょう。

＊かじ：舟の進行方向を決めるために使う道具

第3章　オルドビス紀・シルル紀の生き物を飼おう！

シンフィソプス
Symphysops sp.

飼いやすさ：★★★★★ ★★★★★
分類：節足動物（三葉虫類）

化石産地　モロッコ、イタリア

特長　全長3〜4cmの三葉虫です。頭部のまわりをびっしりと複眼でおおっていて、上下左右前後に広い視界をもっていました。レモプレウリデス同様に泳ぎ回っていた種です。

飼い方　わずかな光のちがいも感知して泳ぐ姿勢を決めます。暗闇の中でペンライトを使ってあちこちから水そうに光を当てると、アクロバットショーを楽しめるでしょう。

イソテルス
Isotelus rex

飼いやすさ：★★★★★ ★★★★★
分類：節足動物（三葉虫類）

化石産地　アメリカ

特長　全長70cmになる超大型の三葉虫です。三葉虫の仲間としては破格の大きさで、最大種といわれています。

飼い方　大きくて重い三葉虫ですので、運ぶときには必ず大人の力を借りるようにしましょう。成長したカメロケラスのえさとしても最適です。

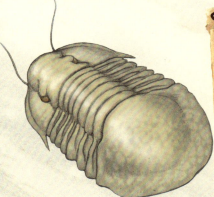

フレキシカリメネ
Flexicalymene sp.

化石産地　アメリカ、カナダ

特長　全長4cmほどの三葉虫です。からにはたくさんの節がありました。ほかの三葉虫と同じくかたいからですが、丸まりやすかったようです。

飼い方　現在のダンゴムシのように、おどろくとくるっと丸くなります。先端がやわらかい棒（たとえば綿棒）などでやさしくつついてみましょう。

飼いやすさ：★★★★★ ★★★★★
分類：節足動物（三葉虫類）

水族館の大きな水そうで飼おう

ひれは上下2段になっている

アノマロカリス類の生き残り
エーギロカシスを飼おう！

エーギロカシス
Aegirocassis benmoulae

飼いやすさ：★★★★★★★★★★
分類：節足動物（アノマロカリス類）

化石産地 モロッコ

特長 カンブリア紀に栄えたアノマロカリスやフルディアの仲間で、全長2mにおよぶ大型の節足動物です。体の両脇のひれは上下に2列ありました。

飼い方 体が大きいので、それに見合った大きな水そうを用意しましょう。えさはオキアミや生きた動物プランクトンをあたえてください。

第3章　オルドビス紀・シルル紀の生き物を飼おう！

いろいろな節足動物

フルカ
Furca sp.

飼いやすさ：★★★★★ ★★★★★
分類：節足動物（マーレロモルフ類）

化石産地　モロッコ、チェコ

特長　カンブリア紀に栄えたマレッラの仲間で、全長4cmほど。6本のうでのような構造には、細かなトゲが並んでいました。

飼い方　水そうの底のどろをかき分けて、どろの間についている小さな有機物を集めて食べます。ほかの動物とともに飼えば、その動物のえさの残りかすで生きていけます。

エオドゥスリア
Eoduslia brahimtahiri

飼いやすさ：★★★★★ ★★★★★
分類：節足動物（詳細不明）

化石産地　モロッコ

特長　全長2cmほどの大きさの節足動物です。全身のさまざまな場所から大小のトゲを生やしていました。このトゲを使って泳いでいたとみられています。

飼い方　どろの表面に浅くもぐり、身をかくすことがあります。水そうの中にその姿が見えない場合は、長い触角などを目印に、水底をよく探してください。

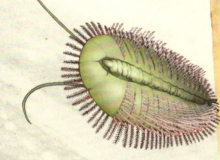

メガログラプタス
Megalograptus ohioensis

飼いやすさ：★★★★★ ★★★★★
分類：節足動物（鋏角類）

化石産地　アメリカ

特長　全長90cmほどの節足動物で、「ウミサソリ類」というグループに分類されます。パドル*のような形をしたあしを使って、水中を泳ぐことができました。

飼い方　肉食性です。世話をするときは触手のトゲにつかまらないように気をつけてください。また、尾の先の板もハサミのように動きますので注意が必要です。

*パドル：舟をこぐのに使う道具

あごのない魚の代表 サカバンバスピスを飼おう！

よろいのようなかたいから

岩場をつくってあげよう

サカバンバスピス
Sacabambaspis janvieri

飼いやすさ：★★★★★★★★★☆☆
分類：脊椎動物（魚類）

化石産地 ボリビア、オーストラリア、オマーン、アルゼンチン

特長 体の前半分を骨のよろいでおおっていた「甲冑魚」の1つです。全長は30cmほどで、上下非対称の尾ひれをもっていました。

飼い方 長い時間泳ぎつづけるのがあまり得意ではありません。小さな岩などを水そうに入れて、体を休めることができる場所をつくってあげてください。

第3章　オルドビス紀・シルル紀の生き物を飼おう！

魚の仲間・ヒトデの仲間

アランダスピス
Arandaspis priontolepis

飼いやすさ：★★★★★★★★★★
分類：脊索動物（魚類）

化石産地　オーストラリア

特長　「甲冑魚」の1つであり、全長は20cmほどでした。うろこをもつ魚としては最も古いものの1つとされています。

飼い方　水そうの底のどろについている有機物を食べます。ほかの動物といっしょに飼うときは、捕食されないようにかくれ家などをつくってあげてください。

プロミッスム
Promissum pulcbrum

化石産地　南アフリカ

特長　長さ40cmほどのあごのない魚で、口の中にするどいトゲが並んでおり、大きな眼をもっていました。「コノドント類」と呼ばれるグループに属しています。

飼い方　成魚になると、ほかの魚や飼育者のうでなどに吸い付き、血を吸ったり、肉をこそぎとったりすることがあります。世話をするときは、ゴム手ぶくろなどを用意してください。

飼いやすさ：★★★★★★★★★★
分類：脊椎動物（魚類）

エノプロウラ
Enoploura popei

飼いやすさ：★★★★★★★★★★
分類：棘皮動物（海果類）

化石産地　アメリカ

特長　長さ7.5cmの「海果類（カルポイド類とも）」というグループに分類されます。ヒトデなどと同じ棘皮動物の仲間です。長くのびた"うで"を自在に使って動き回っていました。

飼い方　雑食で何でも食べます。基本的には水そうのおそうじ屋さんとしての役割を期待できますが、サンゴのある水そうで飼育するとサンゴも食べてしまうので注意してください。

53

泳ぎの上手な節足動物
プテリゴトゥスを飼おう！

大きなはさみで魚をつかむ

はさみの形は種によってさまざま

プテリゴトゥス
Pterygotus sp.

飼いやすさ：★★★★★★★★★★
分類：節足動物（鋏角類）

化石産地 アメリカ、イギリスほか世界各地

特長 大きなものでは、全長2mに達したとされるウミサソリの仲間です。オール型のあしや、水中で姿勢を保つことに役立つ形の尾などをもち、泳ぐことが大変上手でした。

飼い方 かたいものはかめませんが、お腹がへると大きなはさみで魚をつかまえることもあるので、魚と同じ水そうに飼育するときは注意してください。

尾やあしをつかって上手に泳ぐ

ウミサソリの仲間

ミクソプテルス
Mixopterus kiaeri

飼いやすさ：★★★★★ ★★★★★
分類：節足動物（鋏角類）

化石産地 アメリカ、ノルウェーなど世界各地

特長 大きなものでは、全長1m近くにまで成長するウミサソリの仲間です。プテリゴトゥスとちがって、泳ぐことより水底を歩くことのほうが得意でした。

飼い方 尾の先にある尾剣には毒はありませんが、大変するどくなっています。世話をするときには、十分に注意してください。

フグミレリア
Hughmilleria sp.

飼いやすさ：★★★★★ ★★★★★
分類：節足動物（鋏角類）

化石産地 アメリカ、イギリス、中国

特長 全長20cmほどのウミサソリの仲間で、プテリゴトゥスに近縁の種類です。あしの1対がオール型になっていて、尾の先には幅の広い尾剣がありました。

飼い方 泳ぎはさほど上手ではなく、また、尾剣もするどくありません。育てやすく危険も少ないので、ウミサソリを初めて飼うのであれば、本種が良いかもしれません。

ユーリプテルス
Eurypterus sp.

飼いやすさ：★★★★★ ★★★★★
分類：節足動物（鋏角類）

化石産地 アメリカ、イギリスなど世界各地

特長 全長10cm前後（最大では約1.3m）のウミサソリの仲間です。1対の大きなあしがオール型になっていて、尾の先にはするどい尾剣がありました。ミクソプテルスに近縁とされています。

飼い方 比較的安価で入手できるウミサソリの仲間です。ただし、尾剣には細かいギザギザがあり、ノコギリのようになっているので、取りあつかいには注意が必要です。

第3章 オルドビス紀・シルル紀の生き物を飼おう！

スリモニア
Slimonia sp.

化石産地 アメリカ、イギリスなど世界各地

特長 全長1mにまで成長する大型のウミサソリです。四角形の頭部が目印で、それ以外は全体的にプテリゴトゥスによく似ています。ただし、長いハサミはもっていません。

飼い方 泳ぐことが得意ですので、大きい水そうで飼育してあげてください。プテリゴトゥスのように凶暴ではないので、魚と同じ水そうでも大丈夫です。

飼いやすさ：★★★★★★★★★★
分類：節足動物（鋏角類）

カルキノソーマ
Carcinosoma sp.

化石産地 アメリカ、リビアなど世界各地

特長 全長60cmほどの中型のウミサソリです。おにぎり型の頭部と左右に幅の広い前腹部が特徴です。尾の先には、少し曲がりのある尾剣をもっていました。

飼い方 ミクソプテルスと同じように、尾剣に注意して飼育するようにしてください。ミクソプテルスよりも泳ぐことが得意です。

飼いやすさ：★★★★★★★★★★
分類：節足動物（鋏角類）

スティロヌルス
Stylonurus sp.

飼いやすさ：★★★★★★★★★★
分類：節足動物（鋏角類）

化石産地 アメリカ、ロシアなど世界各地

特長 全長15cmほどの小型のウミサソリで、オール型のあしをもたず、すべてのあしが歩行用でした。原始的なウミサソリとみられています。

飼い方 ほかのウミサソリとは異なり、淡水の環境で暮らします。あしのトゲがするどいので、世話をするときはケガをしないように注意しましょう。

巨大サソリ
ブロントスコルピオ
を飼おう！

ブロントスコルピオ
Brontoscorpio anglicus

飼いやすさ：★★☆☆☆
分類：節足動物（鋏角類）

化石産地 イギリス

特長 見た目は現在のサソリとそっくりですが、全長が90cmをこえる大型種です。水中と陸上を行き来しながら生きていたようです。

飼い方 水そうには水中と陸上の両方の環境を用意してください。気温と水温は低くなりすぎないように調整しましょう。えさは、生きたコオロギなどをあげましょう。

ささされないように十分注意！

水そうには水場と陸の両方の環境を用意しよう

第3章 オルドビス紀・シルル紀の生き物を飼おう！

三葉虫の仲間・ヒトデの仲間

アークティヌルス
Arctinurus boltoni

化石産地 アメリカ

特長 全長20cmほどの大型の三葉虫です。横に平たい体が特徴的で、からの表面には細かなぶつぶつがたくさんありました。頭部先端は小さなへらのようになっています。

飼い方 やわらかい水底を好みます。水そうの底には、どろなどをしくようにしましょう。頭足類といっしょに飼うと食べられてしまうので注意してください。

飼いやすさ：★★★★★★★★★★
分類：節足動物
（三葉虫類）

トリメルス
Trimerus delphinocephalus

飼いやすさ：★★★★★★★★★★
分類：節足動物
（三葉虫類）

化石産地 アメリカ

特長 全長15cm前後の大型の三葉虫です。まるでイモムシのような姿が特徴で、からは高さがあり、眼も高い位置にありました。頭部先端は小さなへらのようになっています。

飼い方 アークティヌルスと同じようにやわらかい水底を好みます。ときどき、体の大部分をどろの下にもぐらせますので、探すときは眼を目印にしましょう。

カリオクリニテス
Caryocrinites septentrionalis

化石産地 アメリカ、カナダ、スウェーデン

特長 たくさんのうで、がく、くきをもつ「ウミリンゴ類」の仲間です。「リンゴ」という果物の名前がついていますが、ヒトデやウニと同じ棘皮動物に分類されます。

飼い方 水中の有機物を食べます。アークティヌルスやトリメルスと同じ水そうで飼育することが理想的です。くきがくっつきやすいように岩やサンゴなどを用意してあげてください。

飼いやすさ：★★★★★★★★★★
分類：棘皮動物
（ウミリンゴ類）

あごをもった初期の魚
クリマティウスを飼おう！

あごを観察してみよう

ひれのトゲにさされないように注意！

クリマティウス
Climatius sp.

化石産地 イギリス

飼いやすさ：★★★★★★★★★★
分類：脊椎動物（魚類）

特長 生命史上最初に「あご」をもった脊椎動物の1つです。全長は10cmほどで、尾ひれ以外のひれの前側の縁にトゲがありました。「棘魚類」という絶滅魚類に分類されます。

飼い方 一目見ただけではわかりにくいかもしれませんが、ひれにあるトゲに気をつけてください。さされてケガをしないように、厚手のゴム手ぶくろなどをつけて世話をしましょう。

第3章　オルドビス紀・シルル紀の生き物を飼おう！

魚の仲間

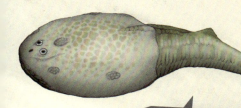

トレマタスピス
Tremataspis sp.

化石産地　エストニア

特長　全長は8cmほど。頭部の背中側と腹側をかたい骨の甲羅でおおっていました。あごはもっていませんでした。

飼い方　水底にもぐることを好みますので、水そうの底に厚めに砂をしいてください。後半身には甲羅がないので、どう猛な魚やウミサソリと同じ水そうには入れないようにしましょう。

飼いやすさ：★★★★★★★★★★
分類：脊椎動物（魚類）

フレボレピス
Phlebolepis elegans

化石産地　エストニアなど

特長　全長7cmほどです。全身を細かなうろこでおおっていました。さわった感触は、現在のサメとよく似ています。体が全体的に平らでした。

飼い方　あごをもっていないため、かたいえさは食べることができません。オキアミなどのプランクトンをあたえるようにしてください。

飼いやすさ：★★★★★★★★★★
分類：脊椎動物（魚類）

飼いやすさ：★★★★★★★★★★
分類：脊椎動物（魚類）

アンドレオレピス
Andreolepis sp.

化石産地　エストニア、スウェーデンなど

特長　全長20cmほど。クリマティウスと同じようにあごをもった初期の魚類の1つです。現在のマグロなどと同じ「条鰭類」というグループに分類されます。

飼い方　あごをもっていますが、そのかむ力はあまり強くありません。えさはオキアミなどでも十分で、ときどきからのついたままのエビなどをあたえてください。

61

第4章

デボン紀の生き物を飼おう！

　約4億1920万年前から約3億5990万年前を「デボン紀」と呼びます。イギリスの州の名前にちなむ名前です。
　デボン紀はシルル紀につづく温暖な時代でした。陸では森林がつくられはじめた時代です。海では、この時代になって初めて脊椎動物の魚類が海の世界の頂点にたちました。その後、両生類も生まれて、"上陸"に成功します。この時代以降、進化の物語は陸と海の両方で本格化することになります。

古生代 "最恐種"
ダンクレオステウスを飼おう！

強い力に引っ張られて水そうに落ちないように注意！

ダンクレオステウス
Dunkleosteus sp.

飼いやすさ：★☆☆☆☆ ★★☆☆☆
分類：脊椎動物（魚類）

化石産地 アメリカなど

特長 全長8m。古生代最大級の魚類です。頭と胸を骨のよろいでおおっていました。かむ力は、すべての魚類の中で最も強かったといわれています。

飼い方 とにかく凶暴な魚類ですので、世話をするときには十分な注意をはらってください。常にえさをあげてお腹いっぱいの状態を保つことが大切です。お腹がすくと同種も食べてしまいます。

甲冑魚の仲間

ケファラスピス
Cephalaspis sp.

飼いやすさ：★★★★★ ★★★★☆

分類：脊椎動物（魚類）

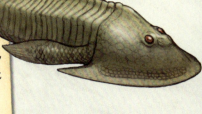

化石産地 アメリカ、イギリスなど

特長 全長30cmほど。頭部をかたい甲羅でおおっていました。よく似た種類がとても多く、少なくとも200種をこえる仲間がいました。あごはもっていませんでした。

飼い方 水中のにおいにとても敏感な魚です。水そう内に水流をつくり、水がよどまないようにしてください。水底にたまった、ほかの魚の食べ残しやはいせつ物などを食べます。

エリヴァスピス
Errivaspis sp.

飼いやすさ：★★★★★ ★★☆☆☆

分類：脊椎動物（魚類）

化石産地 イギリス、ウクライナなど

特長 全長16cmほどで、ケファラスピスと同じように頭部の先端がまるで鳥のクチバシのようにつき出ていますが、実際には口は頭部の底側にあります。

飼い方 クチバシのような部分は先端が丸まっているので、さほど危険はありません。あごもなく、かたいものも食べられないので、比較的安心してほかの魚といっしょに飼育できる魚といえます。

ミクロブラキウス
Microbrachius sp.

飼いやすさ：★★★☆☆ ★★★★★

分類：脊椎動物（魚類）

化石産地 イギリス、中国

特長 全長10cmほどの小型種ですが、ダンクレオステウスの仲間です。うでのような形の胸びれをもっていました。オスには「クラスパー」と呼ばれる交尾に使う突起がありました。

飼い方 小型でおとなしく、比較的飼育のしやすい甲冑魚の1つです。雌雄でくっついて泳ぐことを好むので、広めの水そうでつがいで飼育することをおすすめします。

第4章 デボン紀の生き物を飼おう！

ボスリオレピス
Bothriolepis sp.

飼いやすさ：★★★★★★★★

分類：脊椎動物（魚類）

化石産地　世界各地

特長　全長30cmほど。頭部と胸部が骨のよろいでおおわれていました。ミクロブラキウスの仲間です。100種以上の仲間がいました。

飼い方　うでのようなつくりの前ひれを使って、地上を歩くこともできます。また空気中でも呼吸ができますので、にげないように水そうにふたをするのを忘れずに。

マテルピスキス
Materpiscis attenboroughi

飼いやすさ：★★★★★★★★

分類：脊椎動物（魚類）

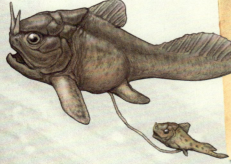

化石産地　オーストラリア

特長　全長30cmほど。ボスリオレピスの仲間です。ただし、骨のよろいは退化していてわかりにくくなっています。頭部の先端が寸づまりな魚です。

飼い方　雌雄をつがいで飼育すると、妊娠して出産します。タイミングがあえば、「へそのおでつながる親子の魚」というめずらしい光景を見られるでしょう。

ゲムエンディナ
Gemuendina stuertzi

飼いやすさ：★★★★★★★★

分類：脊椎動物（魚類）

化石産地　ドイツ

特長　全長1m。小さな骨の破片がたくさんあつまって、「骨の鎧」をつくっていました。

飼い方　現在のエイと似たような姿をしており、えさも同じようなもので大丈夫です。オススメは、からをむいたエビです。少し多めの量をあげるようにしましょう。

サメの "はじまり" クラドセラケを飼おう！

姿はサメにそっくりで泳ぎも上手

突然おそわれないように気を抜かないで！

クラドセラケ
Cladoselache sp.

飼いやすさ：★★★☆☆

分類：脊椎動物（魚類）

化石産地 アメリカ

特長 最大で2mほどになるサメの仲間です。サメの仲間としては最も古いものの1つです。現在のサメとよく似た姿をしていました。

飼い方 現在のサメとほぼ同じ飼育方法が通用します。ダンクレオステウスなどと比べると泳ぎが上手なので、水そう内で世話をするときは急におそわれないように注意してください。

第4章 デボン紀の生き物を飼おう！

肺魚類と肉鰭類の仲間

グリフォグナサス
Griphognathus whitei

飼いやすさ：★★★★★
分類：脊椎動物（魚類）

化石産地 オーストラリア、ヨーロッパ

特長 全長20cmほどの肺魚の仲間です。平たくのびた口先が特徴で、この口先を使って海底をほり、えさを探していたとみられています。

飼い方 えさはミミズやゴカイなどをあたえてください。水そう内にサンゴなどがあると、そのサンゴなどへし折ってしまうこともあるので、注意が必要です。

ユーステノプテロン
Eustenopteron sp.

飼いやすさ：★★★★★
分類：脊椎動物（魚類）

化石産地 カナダ、ラトビア

特長 全長1mほどの魚で、現在のシーラカンスと同じ肉鰭類というグループに属しています。魚雷のような円筒形の体をしており、ひれの中には私たちのうでにあたる骨がありました。

飼い方 現在のシーラカンスは海生種ですが、ユーステノプテロンは淡水環境を好みます。水そうの中には適度に障害物を置き、ひれを使わせてみましょう。

ハイネリア
Hyneria lindae

飼いやすさ：★★★★★
分類：脊椎動物（魚類）

化石産地 アメリカ

特長 全長4m、体重2tという巨大な肉鰭類です。視覚にも嗅覚にもすぐれ、口にはするどい歯が並ぶという恐るべきハンターだったとみられています。

飼い方 極めてどうもうです。浅い水深をものともせずに泳ぎ、水辺にやってきた動物もおそいます。飼育の際は、けっして一人では水に近づかないでください。

うで立て伏せができる魚
ティクターリク
を飼おう！

前あしを上手に使って
うで立て伏せのポーズ

淡水の水場と陸
の環境の両方を
用意しよう

ティクターリク
Tiktaalik roseae

飼いやすさ：★★★★★
分類：脊椎動物（魚類）

化石産地 カナダ

特長 全長 2.7m ほどの肉鰭類です。平たい頭部をもち、首やかた、ひじ、手首などに陸上動物と同じ関節があります。ユーステノプテロンとちがって背びれや腹びれはもっていません。

飼い方 半水半陸の環境を水そう内につくりましょう。顔の上の方でえさを見せてやると、まるでうで立てふせをするかのようにうでをつっぱる様子を見ることができます。

第4章　デボン紀の生き物を飼おう！

四足動物への進化過程の生き物

パンデリクチス
Panderichthys sp.

飼いやすさ：★★★☆☆
分類：脊椎動物（魚類）

化石産地 ラトビア

特長 全長2mをこす肉鰭類です。平たい頭部をもっていて、胸びれの中には陸上動物のうでと同じ構造の骨があります。ティクターリクと同様に背びれや腹びれはもっていません。

飼い方 ユーステノプテロンやティクターリクと同じ水そう、同じえさで飼育することが可能です。

アカントステガ
Acanthostega gunneri

飼いやすさ：★★★★★
分類：脊椎動物（両生類）

化石産地 グリーンランド

特長 全長60cmほどの、最も原始的な両生類です。はっきりとした四肢をもち、その前あしには8本の指がありました。

飼い方 カエルなどと同じ両生類ですが、陸上で生活することはできません。水そうには浅い深さの淡水をはり、落ち葉などをいっしょに入れるようにしてください。

イクチオステガ
Ichthyostega sp.

飼いやすさ：★★★☆☆
分類：脊椎動物（両生類）

化石産地 グリーンランド

特長 全長1mになる、原始的な両生類の一種です。生命の歴史上、最初に陸上生活をした脊椎動物でもあります。後ろあしには7本の指がありました。

飼い方 成体になると陸上ですごしますが、体を持ち上げて移動することは苦手でした。干がたのような環境をつくって飼うようにしましょう。

71

最大級のトゲトゲ三葉虫
テラタスピスを飼おう！

重たいので大人といっしょに世話をしよう

テラタスピス
Terataspis grandis

飼いやすさ：★★★★★

分類：節足動物（三葉虫類）

化石産地 アメリカ

特長 全長60cmの巨大な三葉虫です。全身を細かなトゲでおおっており、頭部の先端にはボールのようにふくらんだ部分がありました。そのボールの部分もトゲだらけです。

飼い方 三葉虫の中では、安心して魚類などといっしょに水そうの中で飼育できる数少ない種です。ただし、たいへん重いので、世話をするときは、大人の助けが必要です。ときどき体をブラッシングしてあげましょう。

ワリセロプス

Walliserops trifurcatus, Walliserops tridens,
Walliserops hammi, Walliserops lindoei

化石産地 モロッコ

飼いやすさ：★★★★★ ★★★★★

分類：節足動物（三葉虫類）

特長 全長6〜10cmくらいの三葉虫です。頭部の先に三つまたのほこのようなものをもっており、その形のちがいで4つの種にわけることができます。

飼い方 せまい水そうにたくさんの個体を入れると、おたがいにケンカし合います。その光景はまるでカブトムシのケンカのようです。ケンカがはげしくなりすぎないように注意してください。

三つまたのほこに注目！

ワリセロプス・ハミィ

ワリセロプス・トライデンス

ワリセロプス・トライファーカトゥス

ワリセロプス・リンドエイ

フォーク三葉虫
ワリセロプス
を飼おう！

ケンカしないように広い水そうで飼おう

第4章 デボン紀の生き物を飼おう！

三葉虫の仲間

エルベノチレ
Erbenochile sp.

飼いやすさ：★★★★★★★★★★
分類：節足動物（三葉虫類）

化石産地 モロッコ、アルジェリア

特長 全長5cmほどの三葉虫です。複眼がまるでタワーのように高く積まれていました。背中には長いトゲが並んでいます。

飼い方 複眼のタワーで視界は広いものの、強い光が苦手です。また、暗やみもあまり得意ではないので、光源の強さを調整できる水そうで飼育してください。

ディクラヌルス
Dicranurus monstrosus

飼いやすさ：★★★★★★★★★★
分類：節足動物（三葉虫類）

化石産地 モロッコ

特長 全長5cmほどの三葉虫です。左右に太く長いトゲをたくさんもち、頭部では2本のトゲが丸まっていました。アメリカからも仲間の化石が見つかっています。

飼い方 ほかの多くの三葉虫と同じように敵の接近に気づくと丸くなります。ディクラヌルスの場合、丸くなると全方位にトゲが向くために、さわるのが危険です。さわるときは後方から気づかれないように近づきましょう。

ハルペス
Harpes perradiatus

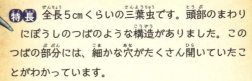

飼いやすさ：★★★★★★★★★★
分類：節足動物（三葉虫類）

化石産地 モロッコ

特長 全長5cmくらいの三葉虫です。頭部のまわりにぼうしのつばのような構造がありました。このつばの部分には、細かな穴がたくさん開いていたことがわかっています。

飼い方 あしを使ってつばにどろを送りこみ、そこでこしとって栄養分だけを食べます。毛先のやわらかい歯ブラシなどを使って、ときどきつばの穴のそうじをしてあげてください。

いろいろな節足動物

シンダーハンネス
Shinderhannes bartelsi

飼いやすさ：★★★☆☆
分類：節足動物（アノマロカリス類）

化石産地 ドイツ

特長 全長10cmほど。カンブリア紀に栄えたアノマロカリスの仲間の最後の生き残りです。飛行機のつばさのようなひれをもっていました。

飼い方 触手のトゲは長くするどいものです。ささ れないように注意してください。えさは、カンブリア紀のアノマロカリスの仲間と同じで良いでしょう。

ミメタスター

Mimetaster hexagonalis

飼いやすさ：★★★★★
分類：節足動物（マーレロモルフ類）

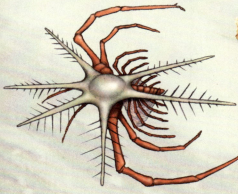

化石産地 ドイツ

特長 全長10cmに満たない動物で、カンブリア紀に栄えたマレッラの仲間の最後の生き残りです。6方向にのばしたトゲを背中にもっていました。

飼い方 群れで生活することを好みます。可能であれば、同じ水そうで数個体をともに飼育するようにしましょう。

ナヘカリス
Nahecaris steurtzi

飼いやすさ：★★★★★
分類：節足動物（甲殻類）

化石産地 ドイツ

特長 全長15cm以上になるエビの仲間です。大きなからをもっていました。シンダーハンネスやミメタスターの暮らす海でともにすごしていました。

飼い方 数が多いので、比較的入手しやすい動物です。世話をする際には、尾部の先端にあるするどいトゲに注意してください。

第4章　デボン紀の生き物を飼おう！

ウエインベルギナ
Weinbergina opitzi

飼いやすさ：★★★★★★★★★★
分類：節足動物（鋏角類）

化石産地 ドイツ

特長 全長 7.5cmほど。現在の日本でも瀬戸内海などに生息するカブトガニの仲間です。現在のカブトガニとちがって、体に節がありました。

飼い方 水そうに浅瀬と陸をつくり、水中と陸を行ったり来たりできるようにしてください。陸には、からを干せるような光源を用意してあげると喜びます。

ヘテロクラニア
Heterocrania rhyniensis

飼いやすさ：★★★★★★★★★★
分類：節足動物（ユーシカルキノイド類）

化石産地 イギリス

特長 全長 1.5cmほどの小さな節足動物で、絶滅した「ユーシカルキノイド」というグループに分類されます。たくさんのあしをもっていました。

飼い方 水たまりのような浅い水深の水そうを用意してください。水そうの底にどろをしくとストレスなく育ちます。

ハリプテルス
Hallipterus sp.

飼いやすさ：★★★★★★★★★★
分類：節足動物（鋏角類）

化石産地 ドイツ

特長 全長 1mほど、シルル紀に栄えたウミサソリの仲間です。泳ぐのは得意ではなく、歩き回ることに適したあしをもっていました。

飼い方 淡水の環境に生息します。尾の先にあるつるぎのようなつくりに注意して飼育するようにしてください。

植物のような姿の動物
アンキロクリヌスを飼おう！

- ここが肛門
- 植物のような形をしている
- くきの先端を岩場に引っ掛けて体を固定

アンキロクリヌス
Ancyrocrinus sp.

飼いやすさ：★★★★★ ★★★★★
分類：棘皮動物（ウミユリ類）

化石産地 アメリカ、フランスなど

特長 全長7cmほどのウミユリの仲間です。「ユリ」という名前はついていても、実際にはヒトデやウニと同じ棘皮動物に分類されます。

飼い方 ゆるやかな水流のある水そうで、ほかの動物といっしょに飼育すれば、とくにえさなどは必要ありません。体を固定しやすいように、岩やサンゴなどを水そうに置きましょう。

第4章 デボン紀の生き物を飼おう！

ウミユリ類やその他の無脊椎動物①

アンモニクリヌス
Ammonicrinus sp.

飼いやすさ：★★★★★★★★★
分類：棘皮動物（ウミユリ類）

化石産地 ドイツ、ポーランドなど

特長 全長10cm弱のウミユリの仲間です。ほかのウミユリ類とはちがって、くきの部分が途中で幅広になって丸まり、がくようではその丸まったくきの中に入っていました。

飼い方 アンキロクリヌスほどの水流を必要としないので、初心者向きといえます。ただし、細かなトゲがあるので、取りあつかい時にはけがをしないように注意してください。

ヘリアンサスター
Helianthaster rhenanus

飼いやすさ：★★★★★★★★★★
分類：棘皮動物（ヒトデ類）

化石産地 ドイツ

特長 直径50cmをこえる、史上最大級のヒトデです。現在のよく知られるヒトデとは異なり、合計16本の長いうでをもっていました。

飼い方 魚類などの食べ残しをえさとするので、おそうじ屋さんとして活躍します。ただし、サンゴを食べてしまうので、サンゴと同じ水そうはさけてください。

パレオカリヌス
Palaeocharinus rhyniensis

飼いやすさ：★★★★★★★★★★
分類：節足動物（鋏角類）

化石産地 イギリス

特長 全長1cmに満たない小さな節足動物です。クモに似ていますが、クモではありません。クモとちがって腹部に節があり、糸を出すことができないなどの特徴があります。

飼い方 陸上性で、生きたえさを好みます。トビムシなどの飛べない昆虫を別の場所で飼育して、多少弱らせてからあたえると良いでしょう。

79

アンモナイトの祖先!? アネトセラスを飼おう!

巻がゆるくすき間があるのが特徴

えさにはエビや鳥のささみをあげよう

アネトセラス
Anetoceras sp.

飼いやすさ:★★★★★
分類:軟体動物(頭足類)

化石産地 モロッコ、ロシアなど

特長 大きさは長径10cm前後。原始的なアンモナイトの仲間です。よく知られるアンモナイトとはちがって、巻きがゆるく、すき間がありました。

飼い方 エビや鳥のササミなどを好んで食べます。泳ぐのはあまり上手ではなく、ほかの大きな魚といっしょに水そうに入れると、食べられてしまうので注意しましょう。

第4章 デボン紀の生き物を飼おう！

アンモナイトの仲間やその他の無脊椎動物②

エレベノセラス
Erbenoceras sp.

化石産地 モロッコ

特長 大きさは長径で10cm〜20cmほど。原始的なアンモナイトの仲間で、アネトセラスよりは進化が進んでいて、巻きがきつくなっています。

飼い方 アネトセラスと同じ方法で飼育できます。同じ水そうに入れると、泳ぎの微妙なちがいなどを観察できるでしょう。

飼いやすさ：★★★★★★★★★★
分類：軟体動物（頭足類）

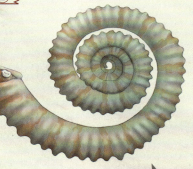

レノキスティス
Rhenocystis sp.

飼いやすさ：★★★★★★★★★★
分類：棘皮動物（海果類）

化石産地 ドイツ

特長 全長10cm〜20cm。オルドビス紀のエノプロウラと同じ海果類の仲間です。尾が長く、本体の2倍の長さがありました。

飼い方 尾を水底につきさして移動する習性があるので、水そうの底に目の細かい砂を厚め（10cm前後）にしきましょう。

パラスピリファー
Paraspirifer sp.

飼いやすさ：★★★★★★★★★
分類：腕足動物（リンコネラ類）

化石産地 アメリカ

特長 大きさは幅5cmほど。一見すると二枚貝類と似ていますが、腕足動物という別の動物グループに属します。化石はしばしば黄金色にかがやきます。

飼い方 ほかの動物のいる水そうの底に置いておくだけで大丈夫です。水流などもとくに必要なく、極めて簡単に飼育できます。

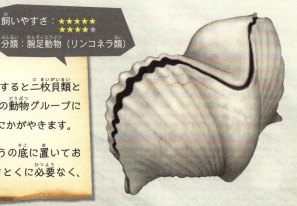

石炭紀・ペルム紀の生き物を飼おう！

　約3億5890万年前から約2億9890万年前を「石炭紀」、約2億9890万年前から約2億5217万年前を「ペルム紀」と呼びます。石炭紀は、ヨーロッパでたくさんの石炭を採ることのできる地層がこの時代のものであることにちなみ、ペルム紀はロシアの都市にちなみます。
　世界中に大森林がつくられていた石炭紀の陸上世界で、は虫類と単弓類が勢力をのばしました。このとき、地上を"支配"したのは単弓類でしたが、ペルム紀末の大絶滅事件でその多くは滅んでしまいます。

史上最大級の陸上節足動物 アースロプレウラを飼おう！

エサにはシダの葉をあげよう

ヤスデのようにくねくねと地をはって移動

アースロプレウラ
Arthropleura sp.

飼いやすさ：★★★★★
分類：節足動物（多足類）

化石産地 アメリカ

特長 史上最大級の節足動物です。全長は2mをこえ、体には30個の節がありました。木々の間をぬうように移動していたとみられています。

飼い方 主食はシダの葉をあげ、ときどき、コオロギなどの小さな昆虫をあたえましょう。体が長いので飼育には広いスペースが必要です。

たまにコオロギをあげると喜ぶ

石炭紀のキテレツ動物
ツリモンストラムを飼おう！

頭の先から伸びる長い吻部

ツリモンストラム
Tullimonstrum gregarium

飼いやすさ：★★★★★★★★★★
分類：不明（無脊椎動物）

化石産地 アメリカ

特長 全長40cmほどの動物です。眼が体の両脇に飛び出ていて、頭部の先端からは長い吻部*がのびていました。「ターリーモンスター」ともいわれています。

飼い方 海水魚と同じ水そうで飼育してください。えさはからをむいた甘エビをあたえると良いでしょう。いっしょにクラゲを飼育すると、ツリモンストラムのストレス低下に効果的です。

ゆるやかな水流のある水そうでクラゲといっしょに飼おう

*吻部：口やその周辺が前に突出している部分

第5章 石炭紀・ペルム紀の生き物を飼おう！

エビの仲間・昆虫の仲間

コンヴェキシカリス
Convexicaris mazonensis

飼いやすさ：★★★★★
分類：節足動物（甲殻類）

化石産地 アメリカ

特長 全長2cmほどの節足動物です。体の前面にたった1つだけの大きな複眼をもっていました。あしの先端はするどくとがっており、肉食性と考えられています。

飼い方 あしの先端にささされないように注意して、えさはオキアミなどをあたえてください。ツリモンストラムと同じ水そうで飼育できます。

ゲラリヌラ
Geralinura carbonaria

飼いやすさ：★★★★★
分類：節足動物（昆虫類）

化石産地 アメリカ

特長 全長5cmほどの節足動物です。現在のサソリ類とよく似ていますが、「サソリモドキ類」という別のグループに分類されます。

飼い方 サソリ類と異なり、毒針をもっていないので安心して飼育できるでしょう。しかし、口先にあるハサミはするどいので、はさまれないように注意してください。

メガネウラ
Meganeura monyi

飼いやすさ：★★★★★
分類：節足動物（昆虫類）

化石産地 フランス

特長 はねを広げると、その幅が70cmにもなったとされる昆虫です。現在のトンボとよく似ていますが、「原トンボ類」という別のグループに分類されます。

飼い方 えさ用の小さな昆虫が飛ぶような温室で飼育するようにしましょう。現在のトンボほど飛翔は上手ではなく、獲物の背後からそっとすべるようにせまるかりをします。

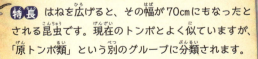

"アイロン台"をもつサメ
アクモニスティオンを飼おう！

アイロン台のような変わった形をした背びれの先端

トゲがささらないように手ぶくろをしよう

飼いやすさ：★★★★☆
分類：脊椎動物（魚類）

アクモニスティオン
Akmonistion zangerli

化石産地 イギリス

特長 全長60cmほどのサメの仲間です。背びれの先端がアイロン台のように広がっていました。その広がっている場所には細かなトゲが並んでいました。

飼い方 基本的には、現在のサメ類と同様の飼育が可能です。背びれは付け根が比較的丈夫なので、うまくしつければそこにつかまって、いっしょに遊泳を楽しむこともできるでしょう。

第5章　石炭紀・ペルム紀の生き物を飼おう！

サメの仲間

ファルカトゥス
Falcatus falcatus

飼いやすさ ★★★★★★★★★★

分類：脊椎動物（魚類）

化石産地 アメリカ

特長 全長30cmほどのサメの仲間です。オスの頭には、前を向いた棒状の突起が1つついていました。この突起はメスにはないものです。

飼い方 雌雄一組で飼育してみましょう。メスがオスの突起にかみつくようになったら、交尾の合図です。きちんと繁殖計画を立てることを忘れずに。

飼いやすさ ★★★★★★★★★★

分類：脊椎動物（魚類）

ハーパゴフトゥトア
Harpagofututor volsellorhinus

化石産地 アメリカ

特長 全長12cmほどの魚です。成長したオスの頭には、1対2本の長い突起がついていました。この突起はメスにはないものです。

飼い方 ファルカトゥスと同じく、雌雄の見分けがわかりやすい種です。繁殖計画をしっかりたてて、オスとメスをいっしょに飼育することがおすすめです。

かわいい手足、でも凶暴 クラッシギリヌスを飼おう！

クラッシギリヌス
Crassigyrinus scoticus

飼いやすさ：★★★★★
分類：脊椎動物（両生類）

化石産地 イギリス

特長 全長2mの両生類です。大きな顔と小さなあしが目印です。とくに前あしは小さく、何のために役に立っていたのかはよくわかっていません。

飼い方 カエルと同じ両生類ですが、一生を水中ですごします。広めの水そうを用意しましょう。どうもうな肉食性ですので、ほかの水中動物といっしょに飼う場合は、常にお腹いっぱいの状態にすることを忘れずに。

肉食性でほかの動物をおそうことがあるので注意！

体のわりに小さすぎるなぞの手足

第5章　石炭紀・ペルム紀の生き物を飼おう！

> **両生類の仲間**

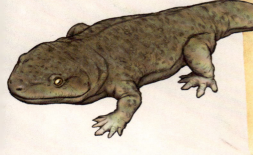

ペデルペス
Pederpes finneyae

> 飼いやすさ：★★★☆☆
> 分類：脊椎動物（両生類）

化石産地 イギリス

特長 全長1mほどの両生類です。デボン紀までの両生類とはちがって、あしのつま先が前を向いています。地上を歩き回った最古の四つ足動物です。

飼い方 成体になると陸上を好みますが、幼体時は水中ですごします。水辺のある空間をつくって飼育するようにしましょう。

レティスクス
Lethiscus stocki

> 飼いやすさ：★★★☆☆
> 分類：脊椎動物（両生類）

化石産地 イギリス

特長 まるでヘビのように見えますが、ヘビはは虫類で、レティスクスはカエルと同じ両生類の仲間です。全長は30cm以上になります。

飼い方 その暮らしぶりにはなぞが多く、飼育方法もよくわかっていません。水温や気温に注意しつつ、えさも少量ずつあたえて様子を見てください。

> 飼いやすさ：★★★★☆
> 分類：脊椎動物
> 　　　（両生類／は虫類）

ディアデクテス
Diadectes sp.

化石産地 アメリカ、ドイツ

特長 がっしりと頑丈な動物で、全長は3mにもおよびます。両生類とは虫類の両方の特徴を備えており、どちらに分類されるのかは決まっていません。

飼い方 おそろしい顔つきをしていますが、植物食性です。シダの葉を手持ちであたえると良いでしょう。ただし、葉といっしょに手をかまれないように注意してください。

最古級のは虫類 ヒロノムスを飼おう！

ヒロノムス
Hylonomus lyelli

飼いやすさ: ★★★★★★★★★★
分類：脊椎動物（は虫類）

化石産地 イギリス

特長 全長30cmほど。最も古い時代のは虫類の1つです。見た目は現在のトカゲとよく似ていて、長い尾をもっていました。口にはするどい歯が並んでいます。

飼い方 シダ植物「シギラリア」のうろをすみかとして好みます。飼育スペースにうろのあるシギラリアを用意しましょう。ほかにも、シダ植物のカラミテスなどを飼育スペースに植えておくと、安心して活動するようです。多数飼いがおすすめの動物です。

ペルム紀前期の王者 ディメトロドンを飼おう！

背中の大きな帆で体温を調節する

どうもうなので気を抜かないように

ディメトロドン
Dimetrodon sp.

飼いやすさ：★★★☆☆
分類：脊椎動物（単弓類）

化石産地 アメリカ、ドイツ

特長 全長3.5m。ほ乳類の祖先をふくむ単弓類というグループのはじめのころの種です。背中に大きな帆をもっており、口の中には2種類のするどい歯が並んでいました。

飼い方 日光のよくあたる場所と、風通しの良い場所を飼育スペースにつくりましょう。背中の帆を日光に当てて体温を上げ、風に当てて下げるという体温調節を自分で行います。どうもうな肉食性なので、世話をするときには細心の注意をはらってください。

第5章　石炭紀・ペルム紀の生き物を飼おう！

初期の単弓類の仲間

エダフォサウルス
Edaphosaurus sp.

飼いやすさ：★★★★★★★★★★
分類：脊椎動物（単弓類）

化石産地 アメリカ

特長 全長3.3m。背中に帆をもっていました。ディメトロドンとは異なり、帆をつくる骨の左右にトゲがあることが特徴です。

飼い方 ディメトロドンとは異なり、体温の調整は苦手です。飼育場所の気温管理に注意してください。植物食性ですから、えさはシダの葉などをあたえると良いでしょう。

コティロリンクス
Cotylorhynchus sp.

化石産地 アメリカ

特長 全長は6m。当時、最大級の陸上動物です。大きなたるのような胴体をもっている一方で、とても小さな頭が特徴です。

飼い方 えさはシダの葉などをあたえましょう。成長すると体重が330kg以上になるので、ふまれないように注意してください。

飼いやすさ：★★★★★★★★★★
分類：脊椎動物（単弓類）

モスコプス
Moschops sp.

化石産地 南アフリカ

特長 コティロリンクスと同じくらいの大型種で全長5mにまで成長しました。がっしりとした四肢が特徴です。

飼い方 エダフォサウルスやコティロリンクスと同じえさで飼育することができます。「石頭」なので、頭つきをされないように注意してください。

飼いやすさ：★★★★★★★★★★
分類：脊椎動物（単弓類）

95

イノストランケヴィア
Inostrancevia sp.

飼いやすさ：★☆☆☆☆
分類：脊椎動物（単弓類）

化石産地 ロシア

特長 全長3.5mをこえる大型種です。頭部だけでも60cm以上の大きさがありました。ペルム紀後期の世界で最大級の肉食動物でした。

飼い方 極めてどうもうです。現在のライオンと同じように、がっしりとしたおりの中で飼育しましょう。えさはウシやブタの生肉をブロック単位であたえると良いでしょう。

頑丈なおりでしっかり安全対策を！

穴ほり名人!? ディイクトドンを飼おう！

飼いやすさ：★★★★★
分類：脊椎動物（単弓類）

ディイクトドン
Diictodon sp.

化石産地 南アフリカ

特長 全長45cmほどの単弓類の1つです。オスには小さなきばがあったと考えられています。植物を食べていたとみられています。

飼い方 雌雄のつがいで暮らすことを好みます。地面をほって巣穴をつくるので、十分な量の土を用意しましょう。えさはトクサなどをあたえてください。

オスとメスがつがいとなって暮らす

穴をほれるようにたくさんの土を用意しよう

第5章 石炭紀・ペルム紀の生き物を飼おう！

その他さまざまな陸上脊椎動物

飼いやすさ：★★★
★★★★★
分類：脊椎動物（は虫類）

コエルロサウラヴス
Coelurosauravus sp.

化石産地 ドイツ

特長 全長60cmほどのは虫類です。肋骨を左右に広げることができて、その間に張った皮まくで空を飛ぶことができました。

飼い方 「飛ぶ」とはいっても、グライダーのような「滑空」なので、高い木が必要です。飼育スペースに数本の樹木を用意しましょう。外ににげないよう、屋根も必要です。

リストロサウルス
Lystrosaurus sp.

飼いやすさ：★★★★★
★★★★★
分類：脊椎動物（単弓類）

化石産地 世界各地

特長 全長1.5mほどの単弓類の1つです。世界各地から化石が発見されています。このことは、かつて世界中の大陸が陸続きだったことの証拠となっています。

飼い方 きばをもっていますが、植物食性のおとなしい動物です。水浴びを好むので、飼育スペースに浅い水場をつくると良いでしょう。

エリオプス
Eryops megacephalus

飼いやすさ：★★★★
★★★★★
分類：脊椎動物（両生類）

化石産地 世界各地

特長 全長2mになる大型の両生類です。背骨やあしの骨がとても頑丈で、どっしりとした重さがありました。現在のワニに似た顔つきです。

飼い方 肉食性で非常にどうもうな動物です。ほかの動物といっしょに飼育することはさけて、単独で育てましょう。両生類なので、飼育スペースに水辺をつくることを忘れずに。

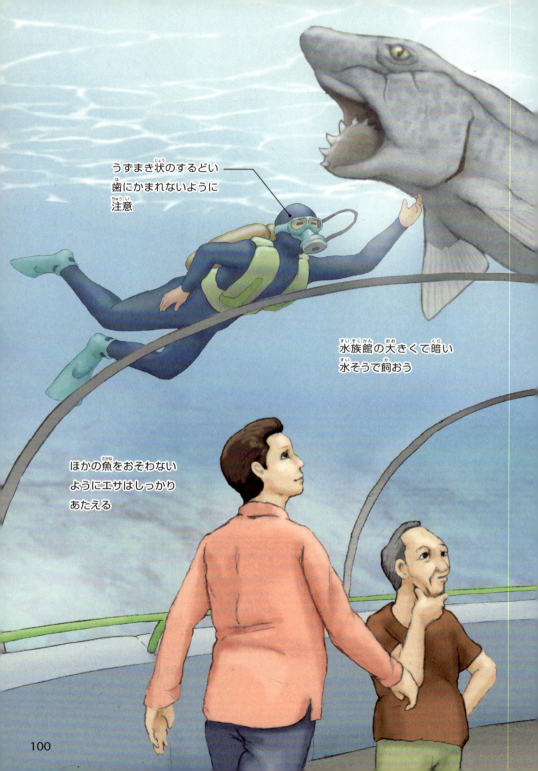

キテレツな歯！ヘリコプリオンを飼おう！

ヘリコプリオン
Helicoprion sp.

飼いやすさ：★★★★★
分類：脊椎動物（魚類）

化石産地 アメリカ、日本（群馬）

特長 全長3m。現在のギンザメの仲間とみられています。下あごの中央に、うず巻きのように連なったするどい歯をもっていました。

飼い方 大きくて暗い水そうを用意しましょう。えさは、イカなどの頭足類をあたえましょう。とくにほかの魚類などといっしょに飼育する場合は、常にお腹いっぱいの状態になるようにして、ほかの魚たちをおそわせないようにしてください。

魚の仲間

クセナカントス
Xenacanthus sp.

化石産地 世界各地

特長 全長約1mのサメの仲間です。頭の後ろから細くて長いトゲがのびていました。ほかのサメ類と同じような形の背びれはもっていませんでした。

飼い方 後頭部のトゲはするどいので、近づくときには注意をしてください。サメの仲間ですが淡水用の水そうで飼育するようにしましょう。水温を一定に保ち、照明を暗めにして飼育しましょう。

飼いやすさ：★★★★★ ★☆☆☆☆
分類：脊椎動物（魚類）

アカントデス
Acanthodes sp.

化石産地 世界各地

特長 全長9cmほど。シルル紀のクリマティウスと同じ、ひれの中にトゲをもつ魚（棘魚類）の最後の生き残りの1つです。

飼い方 淡水用の水そうで飼育してください。えさはアカムシなどをあたえると良いでしょう。

飼いやすさ：★★★★★ ★★★★★
分類：脊椎動物（魚類）

コエラカントス
Coelacanthus sp.

化石産地 世界各地

特長 シーラカンスの仲間ですが、現在の深海で生きている種とくらべると、全長は3分の1以下の60cmほどです。ひれの中にうでと同じ骨がありました。

飼い方 あまり活発には泳がないので、生きえさではなく、ニボシなどを口先にもっていってやると良いでしょう。その際は、手をかまれないように注意してください。

飼いやすさ：★★★★★ ★★☆☆☆
分類：脊椎動物（魚類）

第5章 石炭紀・ペルム紀の生き物を飼おう！

両生類とは虫類の仲間

ゲロバトラクス
Gerobatrachus hottoni

飼いやすさ：★★★☆☆
分類：脊椎動物（両生類）

化石産地 アメリカ

特長 大きさは11cmほど。現在のカエルとイモリの祖先です。ウシガエルと同じくらいのサイズです。カエルのように飛びはねることはできませんでした。

飼い方 水辺のある飼育スペースを用意しましょう。えさはワラジムシやダンゴムシをあたえてください。するどい歯をもつのでかまれないように注意が必要です。

ディプロカウルス
Diplocaulus sp.

飼いやすさ：★★★★★
分類：脊椎動物（両生類）

化石産地 アメリカ

特長 全長は1mほど。まるでブーメランのような形をした頭部をもつ両生類です。頭部は成長していくにしたがって、大きくなっていきました。

飼い方 カエルと同じ両生類の仲間ですが、手足が小さいために地上を歩くことはできません。水深の浅い水そうで飼育してください。

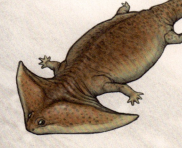

メソサウルス
Mesosaurus tenuidens

化石産地 世界各地

特長 全長は1mほど。主に水中で暮らしていたは虫類です。細長い頭に長い首、長い尾をもっていました。尾にはひれもありました。

飼い方 深さのある水場と、産卵のための砂浜を用意してください。一度の産卵で数個の卵を生み、その卵からはすぐに子どもがかえります。その子たちを安心して育てることのできる環境をつくりましょう。

飼いやすさ：★★★★★
分類：脊椎動物（は虫類）

さくいん

ア

- アークティヌルス……………………59
- アースロプレウラ………………84, 85
- アイシュアイア………………………39
- アカントステガ………………………71
- アカントデス………………………102
- アグノスタス…………………………33
- アクモニスティオン…………………88
- アサフス………………………………48
- アネトセラス…………………………80
- アノマロカリス・カナデンシス…24, 25
- アノマロカリス・サロン……………27
- アパンクラ……………………………34
- アムプレクトベルア…………………27
- アランダスピス………………………53
- アンキロクリヌス……………………78
- アンドレオレピス……………………61
- アンモニクリヌス……………………79
- イクチオステガ………………………71
- インテルス……………………………49
- イノストランケヴィア…………96, 97
- ウィワクシア…………………………40
- ウエインベルギナ……………………77

エ

- エーギロカシス………………………50
- エオドゥスリア………………………51
- エダフォサウルス……………………95
- エノプロウラ…………………………53
- エメラルデラ…………………………35
- エリヴァスピス………………………66
- エリオプス……………………………99
- エルベノセラス………………………81
- エルベノチレ…………………………75
- エルラシア……………………………30
- オットイア……………………………38
- オドントグリフス……………………41
- オパビニア……………………………29
- オレノイデス…………………………30

カ

- カナダスピス…………………………34
- カナディア……………………………38
- カメロケラス…………………………47
- カリオクリニテス……………………59
- カルキノソーマ………………………57
- カンブロパキコーペ…………………32
- キンガスピス…………………………30
- クサンダレラ…………………………31

クセナカンタス	102	ダンクレオステウス	64, 65
クラッシギリヌス	90	ツリモンストラム	86
クラドセラケ	68	ディアデクテス	91
グリフォグナサス	69	ディイクトドン	98
クリマティウス	60	ティクターリク	70
ケファラスピス	66	ディクラヌルス	75
ゲムエンディナ	67	ディプロカウルス	103
ゲラリヌラ	87	ディメトロドン	94
ゲロバトラクス	103	テラタスピス	72, 73
コエラカンタス	102	トリメルス	59
コエルロサウラヴス	99	トレマタスピス	61
ゴティカリス	33		
コティロリンクス	95	**ナ**	
コンヴェキシカリス	87	ナヘカリス	76
		ナラオイア	31
サ		ネクトカリス	41
サカバンバスピス	52		
シダズーン	35	**ハ**	
シドネイア	29	バージェソカエータ	38
シファッソークタム	39	ハーパゴフトゥトア	89
シンダーハンネス	76	ハーペトガスター	39
シンフィソプス	49	ハイネリア	69
スティロヌルス	57	パラスピリファー	81
スリモニア	57	パラペイトイア	27
		ハリプテルス	77
タ		ハルキエリア	41
タミシオカリス	28	ハルキゲニア	36, 37

ハルペス	75	ミクソプテルス	56
パレオカリヌス	79	ミクロブラキウス	66
パンデリクチス	71	ミメタスター	76
パンブデルリオン	28	ミロクンミンギア	42
ピカイア	43	メガネウラ	87
ヒロノムス	92, 93	メガログラプタス	51
ファルカトゥス	89	メソサウルス	103
フグミレリア	56	メタスプリッギナ	43
プテリゴトゥス	54, 55	メトポリカス	48
フルカ	51	モスコプス	95
ブルゲッシア	35		
フルディア	26	**ヤ**	
フレキシカリメネ	49	ユーステノプテロン	69
フレボレピス	61	ユーリプテルス	56
プロミッスム	53	ユンナノズーン	43
ブロントスコルピオ	58	ヨホイア	34
ペデルペス	91		
ヘテロクラニア	77	**ラ**	
ヘリアンサスター	79	ラガニア	28
ヘリコプリオン	100, 101	リストロサウルス	99
ボスリオレピス	67	レアンコイリア	31
		レティスクス	91
マ		レノキスティス	81
マーチンソニア	33	レモプレウリデス	48
マテルピスキス	67		
マレッラ	29	**ワ**	
		ワリセロプス	74

著者あとがき

　いわゆる「恐竜時代」よりも古い古生代の生物は、まだ謎が多く、世界中の研究者によってさまざまな仮説が提案されています。本書では、そんな仮説を手がかりに、科学的に許される範囲内で想像の翼を広げてみました。本書を読まれたみなさんも、ぜひ「いやいや、この生物には、こういう飼い方が良いと思う」などの"思考実験"を楽しまれてみてください。

　群馬県立自然史博物館とすみだ水族館の皆様には、お忙しい中、科学的事項の確認とともにたくさんのアイデアを頂きました。スタッフを代表してお礼申し上げます。そして、もちろん、ここまでお読み頂けた読者のあなたにも大感謝を。あなたのお気に入りの古生物は、みつかりましたか？

2015年10月　土屋　健

【著者プロフィール】

サイエンスライター。オフィス ジオパレオント代表。金沢大学大学院修了。修士（理学）。日本地質学会員。日本古生物学会員。科学雑誌の記者編集者を経て独立し、現職。地質学や古生物学の一般向け書籍や雑誌記事多数。

【特別協力】

群馬県立自然史博物館

1996年開館。世界文化遺産となった富岡製糸場で有名な群馬県富岡市にあり、地球と生命の歴史や群馬県の豊かな自然を紹介しています。常設展示には、ディメトロドンの実物骨格や三葉虫、竜脚類恐竜の全身骨格、実物大のティランノサウルスのロボット、ペルー産のヒゲクジラ類の全身骨格化石のほか、群馬県の自然を再現したジオラマ、ダーウィン直筆の手紙、様々な化石人類のジオラマなどがあり、「見て・触れて・発見できる」展示です。企画展も年に３回開催しています。

Webサイト　http://www.gmnh.pref.gunma.jp/

すみだ水族館

東京スカイツリータウン®ウエストヤードの5階と6階の2層からなる都市型の水族館です。"いのちのゆりかご～水 そのはぐくみ～"をコンセプトに、施設全体を「いのち」をはぐくむ「大きなゆりかご」として、都心にいながら「いきもののいのち」とそれを育む「水」を体感していただけます。国内最大級の屋内開放水槽では、ペンギンやオットセイをさまざまな角度から間近でご覧いただけます。

Webサイト　http://www.sumida-aquarium.com/

著　者	土屋　健（つちや・けん）
特別協力	群馬県立自然史博物館、すみだ水族館
編集協力・デザイン	ジーグレイプ株式会社
イラスト	川崎　悟司
漫画	大岩　ピュン
装丁	柿沼みさと
主な参考文献	・『エディアカラ紀・カンブリア紀の生物』監修：群馬県立自然史博物館、著：土屋健、2013年刊行、技術評論社 ・『オルドビス紀・シルル紀の生物』監修：群馬県立自然史博物館、著：土屋健、2013年刊行、技術評論社 ・『デボン紀の生物』監修：群馬県立自然史博物館、著：土屋健、2014年刊行、技術評論社 ・『石炭紀・ペルム紀の生物』監修：群馬県立自然史博物館、著：土屋健、2014年刊行、技術評論社 ・『小学館の図鑑NEO 飼育と観察』指導・執筆・監修：筒井 学/荻原清司/相馬正人/樋口幸男、撮影：阿部正之/井川俊彦/亀田龍吉/筒井 学 ほか、2005年刊行、小学館 ・『古代魚を飼う』写真：内山りゅう、1993年刊行、マリン企画 ・『ザ・古代魚』文・写真：小林 道信、2010年刊行、誠文堂新光社 ・『The Rise of Fishes. 2nd Edition』著：John A. Long、2011年刊行、The Johns Hopkins University Press ・（webサイト）『The Burgess Shale』http://burgess-shale.rom.on.ca/en/ ほか、学術論文など。
写真提供	フォトライブラリー、群馬県立自然史博物館

「もしも？」の図鑑
古生物の飼い方

2015年11月25日　初版第1刷発行
2021年10月25日　初版第3刷発行

著　者　土屋　健
発行者　岩野裕一
発行所　株式会社実業之日本社
　　　　〒107-0062　東京都港区南青山5-4-30　CoSTUME NATIONAL Aoyama Complex 2F
　　　　【編集部】03-6809-0452　【販売部】03-6809-0495
　　　　実業之日本社のホームページ　https://www.j-n.co.jp/
印刷所　大日本印刷株式会社
製本所　大日本印刷株式会社

©Ken Tsuchiya 2015　Printed in Japan（学芸）ISBN978-4-408-45575-4

本書の一部あるいは全部を無断で複写・複製（コピー、スキャン、デジタル化等）・転載することは、法律で定められた場合を除き、禁じられています。
また、購入者以外の第三者による本書のいかなる電子複製も一切認められておりません。落丁・乱丁（ページ順序の間違いや抜け落ち）の場合は、ご面倒でも購入された書店名を明記して、小社販売部あてにお送りください。送料小社負担でお取り替えいたします。ただし、古書店等で購入したものについてはお取り替えできません。定価はカバーに表示してあります。小社のプライバシー・ポリシー（個人情報の取り扱い）は上記ホームページをご覧ください。